输变电工程施工质量要点手册

电缆工程

国网上海市电力公司　组编

U0261304

中国电力出版社
CHINA ELECTRIC POWER PRESS

图书在版编目（CIP）数据

输变电工程施工质量要点手册.电缆工程/国网上海市电力公司组编.—北京：中国电力出版社，2022.10

ISBN 978-7-5198-7148-2

Ⅰ.①输… Ⅱ.①国… Ⅲ.①输电－电力工程－工程施工－工程质量－技术手册②变电所－电力工程－工程施工－工程质量－技术手册③电力电缆－电力工程－工程施工－工程质量－技术手册 Ⅳ.① TM7-62 ② TM63-62

中国版本图书馆 CIP 数据核字（2022）第 191961 号

出版发行：中国电力出版社
地　　址：北京市东城区北京站西街 19 号（邮政编码 100005）
网　　址：http://www.cepp.sgcc.com.cn
责任编辑：周秋慧（010-63412627）
责任校对：黄　蓓　马　宁
装帧设计：张俊霞
责任印制：石　雷

印　　刷：三河市万龙印装有限公司
版　　次：2022 年 10 月第一版
印　　次：2022 年 10 月北京第一次印刷
开　　本：880 毫米 ×1230 毫米　32 开本
印　　张：1.5
字　　数：41 千字
印　　数：0001—3000 册
定　　价：16.00 元

编委会

主　任　朱　纯

副主任　楼晓东

编写组

主　编　郑伟华

副主编　林　坚　陈　晨

编写组成员

国网上海市电力公司

奚丕奇　陈　晨　陈婷玮　黄小龙

上海送变电工程有限公司

黄　波　蒋本建　仇志斌　肖　敏

华东送变电工程有限公司

鲁　飞　王　涛

上海久隆电力（集团）有限公司

冯子煜　朱　佳　沈　泓　胡睿晓

上海新泰建筑工程有限公司

凌　晨

国网上海市电力公司党校（培训中心）

李晓莉　王诗婷

前 言

为贯彻"百年大计、质量第一"方针，弘扬"精益求精、追求卓越"的工匠精神，针对施工现场可能发生人身事故和质量问题的主要危险点和易发人群，普及基本安全质量教育，统一工艺标准，规范施工流程，国网上海市电力公司组织有关单位编制《输变电工程施工质量要点手册》。

该系列手册包括《变电电气工程》《变电土建工程》《线路工程》《电缆工程》四个分册，主要面向参加输变电施工工程建设，又缺乏现场经验的各类人员，主要包括初入职的学生、劳务作业人员等。手册以安全规章、施工验收规范为框架，辅以有关制度，对施工质量要点进行全面梳理和总结，在内容上力求通俗易懂，努力体现"主要""常见""现场"三个特点。

本分册为《电缆工程》，内容主要参考 Q/GDW 11957.1—2020《国网电网有公司电力建设安全工作规程　第 1 部分：变电》、Q/GDW 11957.2—2020《国网电网有公司电力建设安全工作规程　第 2 部分：线路》、《国家电网公司输变电工程施工安全风险识别、评估及预控措施管理办法》[国网（基建/3）176—2015] 等。旨在提高电缆工程的质量管理水平，促进施工质量的提高，满足其检查、验收和质量评定的需要。

鉴于编者水平有限，书中难免存在疏漏之处，敬请读者批评指正。

编者

2022 年 7 月

目 录

第1章 电缆敷设施工质量

一、通用部分

（1）电缆护层应完好，无机械损伤，两端封头良好。电缆型号、规格及数量符合设计要求。如图 1-1 所示。

图 1-1 施工现场电缆移交验收

（2）电缆盘搬运及滚动前应做好电缆盘的检查工作，确保电缆盘和电缆端头完好方可进行搬运。

（3）电缆盘在地面滚动时，必须按电缆绕紧的方向滚动，且外出头要扣紧。

（4）电缆的放线架应放置稳妥，钢轴的强度和长度应与电缆盘的重量和宽度相配合。如图 1-2 所示。

（5）电缆敷设时，电缆应从盘的上端引出，不应使电缆在支架上及地面摩擦拖拉。电缆上不得有铠装压扁、电缆绞拧、护层折裂等未消除的机械损伤。如图 1-3 所示。

图 1-2　电缆盘支撑架可靠稳定　　　图 1-3　电缆敷设防止机械损伤

1）敷设电缆时，当环境温度低于表 1-1 的规定时，应将电缆预先加热。

表 1-1　**电缆允许敷设最低温度**

电缆类型	允许最低温度（℃）
充油电缆	—10
塑料绝缘电力电缆	0

2）电缆敷设时，电缆所受的牵引力、侧压力和弯曲半径应根据不同电缆的要求控制在允许范围内。电缆最小弯曲半径要求见表 1-2。

表 1-2　**电缆最小弯曲半径**

电缆的型式			多芯	单芯
电缆种类	控制电缆		$10D$	
	橡皮绝缘电力电缆	无铅包、钢铠护套		$10D$
		裸铅包护套		$15D$
		钢铠护套		$20D$
	聚氯乙烯电力电缆			$10D$
	交联聚乙烯电力电缆		$15D$	$20D$
	自容式充油（铅包）电缆		*	$20D$

注　1. 表中的 D 为电缆的外径。
　　2. 表中有 * 处表示也可按制造厂规定。
　　3. 进口电缆按厂商提供的有关规定。

3）敷设电缆时，转弯处的侧压力不得大于 3 kN/m，尤其是在转弯角度小于 120° 或有多处转弯时，应在转弯前增加辅助措施，如增大弯曲半径、增加转角滑轮、使用输送机，使电缆经过转角后，没有明显的变形。

4）110 kV 及以上的电缆敷设前须用绝缘电阻表测其护层绝缘，数值大于厂家提供的技术要求；在电缆的敷设过程中，必须保证电缆外护套的完好，如有意外损伤必须立即修补外护套；敷设完成后还须测电缆的护层绝缘，数值也应大于厂家提供的技术要求。如图 1-4 所示。

5）用机械敷设电缆时，在线路复杂的沿线各点（如线盘、卷扬机、牵引头、输送机等）应组成一个通信联络网。

6）在电缆敷设施工关键环节中，除了必要的施工质量记录及验收记录外，还必须留有影像资料，以确保施工全过程的受控。

7）电缆敷设后应及时锯除牵引头，并采取可靠的封头。如图 1-5 所示。

图 1-4　电缆敷设后测护层绝缘　　　　图 1-5　电缆敷设牵引头

8）固定电缆的支架其中心距离应符合设计规定，蛇形敷设的电缆应严格按设计规定的蛇形节距和蛇形幅度进行固定。如图 1-6 所示。

9）固定垂直敷设及蛇形敷设的电缆必须使用专用电缆夹具，水平敷设的电缆可采用绑扎的方法。

10）装在室外容易被碰撞处的电缆，地面以上 2 m 部位应加装保护管，保护管埋入深度应不小于 0.2m。如图 1-7 所示。

图 1-6　电缆蛇形敷设　　　　　图 1-7　电缆登杆保护管

11）隧道（工井）及电缆沟内的电缆金属构件应全部热浸镀锌，经过电焊的部分应涂以两道防锈漆及一道面漆。

12）电缆沟内的电缆在转弯处无法固定在托架上时，应制作专用的支架或用水平横撑，如图 1-8 所示。

13）在变、配电站，工井，隧道及有支架的电缆沟内，应采用非易燃性外护层的电缆，或采取涂刷防火涂料、包防火带、装防火槽、装防火隔板等措施，如图 1-9 所示。

图 1-8　电缆固定专用支架　　　　图 1-9　电缆防火带及防火隔板

14）电缆穿越变、配电站层面，均要用防火堵料封堵，如图 1-10 所示。

15）电缆穿入变、配电站，工井，隧道及电缆沟的孔洞口均要封堵密封，并能有效防水，如图 1-11 所示。

图 1-10　电缆仓位防火封堵

图 1-11　电缆孔洞防水封堵

16）图 1-11 电缆敷设后，应排列整齐，不宜交叉，加以固定，并及时装设标志牌或用专用的记号笔标注回路名称，如图 1-12 所示。

17）电缆敷设后，要求在电缆安装后每只工井拍摄整体布置照片及做相应的报表记录，如图 1-13 所示。

图 1-12　电缆装设标志牌

图 1-13　电缆工井内布置

二、直埋敷设质量要求

（1）敷设电缆前要挖掘足够数量的样洞，摸清地下设施的情况，以确定新电缆的正确走向，如图 1-14 所示。

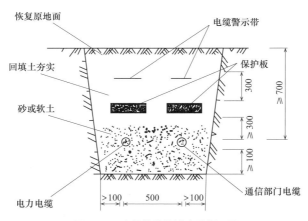

图 1-14　直埋敷设沟槽布置断面图

注：电位尺寸为 mm。

（2）电缆与铁路、公路、建筑、各类市政管道之间平行和交叉的距离，符合 GB 50168—2018《电气装置安装工程　电缆线路施工及验收标准》。

（3）电缆直埋敷设地点应无积水、无沉陷。在可能使电缆受到机械损伤、化学作用、地下电流、振动、热影响、腐蚀物质、虫鼠等危害的地段应有保护措施，如图 1-15 所示。

图 1-15　电缆直埋敷设

（4）电缆的埋设深度，自地面至电缆上面外皮的距离，10 kV 以下为 0.7m；35 kV 及以上为 1m；穿越农地时分别为 1m 和 1.2m。

（5）机械牵引和人力牵引基本相同。机械牵引前应根据电缆规格先沿沟底放置滚轮，并将电缆放在滚轮上。滚轮的间距以电缆通过滑轮不下垂碰地为原则，避免与地面、沙面摩擦。电缆转弯处需放置转角滑轮来保护。电缆盘的两侧应有人协助转动。如图 1-16 所示。

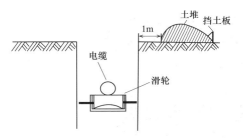

图 1-16　电缆直埋敷设沟槽施工断面示意图

（6）敷设时电缆不要碰地，也不要摩擦沟沿或沟底硬物。

（7）直埋的电缆周围应选择较好的土层或用黄沙填实，电缆上面应有 15cm 的土层。覆盖盖板后，覆盖宽度超过电缆两侧不少于 5cm。盖板上铺设防止外力损坏的警示带后再分层夯实至路面修复高度。

（8）电缆敷设后，在覆土前，必须及时通知测绘人员进行电缆及接头位置等的测绘。

三、排管敷设质量要求

（1）排管建成后及敷设电缆前，均应使用规定的管径和长度的疏通器，对排管进行双向疏通，如图 1-17 所示。疏通器的尺寸见表 1-3。

表 1-3　**疏通器的尺寸** mm

排管的内径	疏通器的外径	疏通器的长度
150	127	600
175	159	700
200	180	800

（2）敷设电缆前还须用刷子等疏通检查，清除排管内壁的尖刺和杂物，防止敷设时损伤电缆。

（3）疏通检查中如有疑问时，应用管道内窥镜进行探测，排除疑问后才能使用。

（4）电缆入工井口应从光滑的波纹软管中穿过，工井内弯曲部分也应搭建带有滑轮芯（或波纹软管）的牢固的放线架子，如图 1-18 所示。

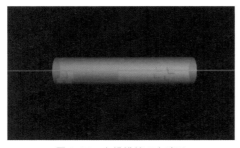

图 1-17　电缆排管双向疏通

图 1-18　工井口设置波纹保护管

（5）电缆采用钢丝绳牵引时，其钢丝绳和电缆牵引头之间必须装防捻器，并且牵引力不能超过电缆拉力的允许值，如图 1-19 所示。电缆最大允许牵引强度见表 1-4。

表 1-4　**电缆最大允许牵引强度**　　　　　　　　　　N/mm^2

牵引方式	牵引头		钢丝套		
受力部位	铜芯	铝芯	铅套	铝套	塑料护套
允许牵引强度	70	40	10	40	7

（6）电缆敷设后所有的管孔必须有可靠的密封，可采用不锈钢封堵件，如图 1-20 所示。

图 1-19　电缆牵引端装设防捻器

图 1-20　排管孔装设封堵件

（7）电缆在工井内进排管口应套上光滑的喇叭口，如图 1-21 所示。

图 1-21　排管口布置喇叭口

四、隧道敷设质量要求

（1）应按要求做好电缆隧道内敷设路径清理保护工作，确保敷设路径畅通，且没有损伤电缆的尖刺和杂物等。

（2）敷设电缆时，在电缆盘与电缆入工井之间须搭建牢固的放线架子，使电缆平滑地过渡，以确保电缆的弯曲半径，并防止电缆护层的损坏，如图 1-22 所示。

（3）电缆盘应配备制动装置，保证在异常情况下能够使电缆盘停止转动，防止电缆损伤。

（4）在使用输送机、电动导轮等工器具时，应派有相应资质的施工人员进行操作。机械设备运转过程中，施工人员不得随意移动，避开设备转动前进的方向。如图 1-23 所示。

图 1-22　电缆敷设放线架设置规范

图 1-23　有资质施工人员操作设备

（5）电缆敷设过程中，应通信畅通，统一信号，关键岗位如电源总控、电缆盘控制、转弯处、沿线看护，应由专人负责。有条件的话，可以采用监控系统记录敷设全过程。如图 1-24 所示。

（6）敷设人员须跟随电缆牵引头前进，处理行进中出现的各种情况；须始终对运转的电缆盘、运行的输送机、竖井中受力牵引的电缆进行监视，一旦出现异常情况立即叫停；沿电缆巡视查看施放情况，及时纠正工作人员的错误操作行为。如图 1-25 所示。

图 1-24　监控系统记录敷设过程

图 1-25　敷设人员同步跟随电缆牵引头

（7）电缆蛇形布置时，应配合电缆输送机或其他机械、人力按需要移送电缆，防止因蛇形布置使电缆局部受力过大，如图 1-26 所示。

（8）敷设结束后，电缆刚性固定和电缆挠性固定必须符合设计要求，如图 1-27 所示。

图 1-26　隧道内电缆蛇形布置

图 1-27　电缆刚性固定和挠性固定

第2章　电缆接头施工质量

一、绝缘接头、直线接头附件安装质量要求

1. 安装前附件材料的验收

（1）在接头之前，接头负责人应携厂方指导对安装材料进行质量检查，查看所有接头材料是否都在有效期范围之内。

（2）清点并检查附件材料的数量是否正确。

（3）对关键材料（预制件、扩进管、压接管、屏蔽罩）的尺寸、精度等进行测量，并与施工工艺图纸复核，做好验收记录。关键部件验收如图 2-1 所示。

（4）发现有尺寸，规格与电缆不匹配的现象应该严格按照施工质量管理控制程序进行检查及追溯，并及时更换。

（5）所有的接头附件材料都应轻拿轻放。

（6）接头材料应储存在无尘、低湿度（小于 80%）、温度不超过 35℃ 的室内环境中，禁止长时间暴露在阳光下。

（7）在安装前接头负责人应与厂方指导、施工人员及该项目技术负责人进行技术交底。对接头工艺中主要步骤的尺寸进行确认。施工前技术交底如图 2-2 所示。

图 2-1　关键部件验收

图 2-2　施工前技术交底

2. 安装前施工环境的布置及要求

（1）施工现场环境要求。不要在雨天或高温度的天气施工，避免在

粉尘飞扬、腐蚀性气体的环境中施工。同时安装现场应该有有效防护措施，降低环境对产品质量的影响。

（2）推荐环境条件。现场无明显粉尘或腐蚀气体、空气相对湿度应小于70%、环境温度应控制在5~30℃（环境温度控制如图2-3所示），超出温度范围施工，需要有合适的加热、保温和降温措施。

（3）根据接头现场环境控制方案进行现场环境控制，必要时可采用专用的接头净化棚。净化棚搭设如图2-4所示。

图2-3　环境温度控制　　　　　图2-4　净化棚搭设

（4）现场施工环境内应布置必要的电源、照明、温度湿度控制装置、通风等设施以满足施工要求。

（5）安装人员进入操作棚时，须穿戴干净的工作服、工作鞋，戴上口罩和安全帽。带入操作区的工具要擦洗干净，保证清洁，无可见异物、污物。

（6）工作棚内的所有垃圾用后放在规定的纸箱内，工作完成后统一收集处理。

3. 接头位置的布置及电缆定位

（1）电缆从排管进入工井时宜考虑设置伸缩弧来吸收排管中的热伸缩量，施工时电缆布置的伸缩弧详见"施工时电缆布置图"直线段S长度宜大于表中数值。

（2）电缆在工井中敷设时，伸缩弧两侧直线段不宜小于150mm。

（3）电缆拖入指定接头位置，核定电缆相位并用相色带做好标记。

（4）接头位置应保证有大于1600mm的直线距离。

（5）两电缆以接头中心线为基准需重叠 600mm 长。

4. 电缆 PE 护套，金属护套的处理

（1）剥除电缆外护套时，切断口应齐整，勿伤及金属护套。

（2）擦除电缆金属护套上的防腐剂，确保无防腐剂残留。

（3）断开金属护套时，切割深度不得超过金属护套厚度的 2/3。

（4）金属护套切断口应做外翻处理，断口处不应有尖端和毛刺，金属护套断口处做外翻处理并去除毛刺尖端如图 2-5 所示。

（5）外护套表面距离其断口一定范围以内的电极层或石墨涂层应刮除干净。

（6）如电缆金属护套是铝护套，应搪底铅。在铝护套上搪底铅时应严格控制时间和温度（不宜超过 30min，金属护套温度不宜超过 100℃），要求防止温度过高损伤绝缘，确保底铅与铝护套间接触良好。搪底铅时控制时间和温度如图 2-6 所示。

图 2-5　金属护套断口处做外翻处理并　　　图 2-6　搪底铅时控制时间和温度
　　　　　去除毛刺尖端

5. 电缆的加热校直

（1）电缆加热校直时间不宜过短，一般 110kV 电缆 4h 以上，220kV 电缆 6h 以上。

（2）电缆绝缘加热温度应控制在 75~80℃，电缆加热校直如图 2-7 所示。

（3）电缆加热完毕后，用校直装置固定住电缆，校直。

（4）电缆温度自然冷却至环境温度以下时再去除校直装置。

（5）电缆笔直度要求小于 1mm/400mm。

6. 电缆绝缘及绝缘屏蔽的处理

（1）电缆切断面应平齐。

（2）用薄玻璃片在绝缘屏蔽切断处休整出一个平滑的过渡斜坡，断口处应齐整不得有凹陷或凸起，电缆绝缘处理如图 2-8 所示。

图 2-7　电缆加热校直　　　　　图 2-8　电缆绝缘处理

1）应按砂纸目数由小到大的顺序依次打磨电缆绝缘表面。

2）毕后用平行光检查。

3）用游标卡尺以大约 50mm 的间距至少检查四处直径。

4）每一处测量点都应在水平和垂直方向进行两次测量。保证电缆绝缘的实际尺寸满足安装图的工艺要求。为确保电缆绝缘为圆形，两方向测量的结果之差应小于 0.5mm，多点测量绝缘外径如图 2-9 所示。

图 2-9　多点测量绝缘外径，X、Y 轴之差小于 0.5mm

5）酒精纸清洁绝缘表面时，应从绝缘向半导电层方向清洁，擦拭过半导电层的清洁纸不得再擦拭绝缘。

7. 电缆接头附件的套入

（1）在套入接头附件之前，应再次清洁电缆表面并绕包聚乙烯塑料薄膜保护。

（2）在套入附件材料时应注意勿伤及绝缘及绝缘屏蔽。环氧隔板、扩径好的预制橡胶件两端口应用塑料薄膜保护及密封。

（3）需现场扩径的预制橡胶件，应注意以下几点：

1）扩径前检查扩径管，确保内外表面光滑，无尖角及损伤。

2）扩径管和预制件的内外表面在扩径前应清洗干净并用电吹风干燥。

3）预制橡胶件的内表面、扩径管的外表面及尼龙导向头外表面应均匀涂抹扩径硅油。

4）用专用扩径工具扩张预制橡胶件。

5）预制橡胶件扩径后，应仔细检查其表面。如有裂缝或凹陷，橡胶件不能使用。预制橡胶件扩径后保持的时间不允许超过 4h。重复使用的扩径管，扩张 12 相头后必须更换。

8. 导体压接

（1）两侧电缆线芯插入导体连接管后，应通过接管中心的观察孔洞来检查线芯是否到位，或通过测量两侧绝缘端口间尺寸，两侧绝缘屏蔽端口间尺寸来再次确认电缆线芯是否到位。测量压接后延伸长度如图 2-10 所示。

（2）两侧电缆接头位置 2m 内必须横平竖直，方可进行压接导体连接管的工序。

（3）终端附件安装时，电缆线芯应充分插入导体出线杆。

（4）压模的规格和尺寸与附件安装工艺的要求相匹配。

（5）导体压接时的压力一般须达到 700MPa 以上并保持 10~15s 的时间才能松模。压接钳输出压力如图 2-11 所示。

图 2-10　测量压接后延伸长度　　　图 2-11　压接钳输出压力达到 700MPa

（6）压接后的导体连接管或出线杆表面应光滑，无尖端、飞边或毛刺，并清除其表面污迹。

9. 预制橡胶件的定位及密封，接地处理

（1）预制橡胶件定位前应将电缆绝缘表面清洗干净，干燥后用平行光灯检查，并在电缆绝缘表面均匀涂抹少量润滑剂（如硅油、硅脂等）。

（2）应使用专用工具将预制橡胶件安装到附件安装工艺指定位置，不能偏于一侧。同时要求预制橡胶件内半导电屏蔽层必须和电缆绝缘屏蔽层良好接触，而且两侧交搭长度应基本一致。预制橡胶件在安装后的实际长度 L 可采用下列公式计算

$$L=S-\left[\left(D-d\right)\left(S-s'\right)/\left(D'-d\right)\right]\left(\mathrm{mm}\right)$$

式中：D 为电缆绝缘外径，mm；d 为预制橡胶件原有内径，mm；D' 扩径管的外径，即预制件扩张后内径，mm。

（3）擦去多余的硅油。

（4）严格按照工艺要求在电缆绝缘屏蔽层、预制橡胶件、金属护套端口分别绕包半导电橡胶带，编织铜网及绝缘带材。定位预制件如图2-12所示。

图 2-12　将预制件按工艺要求精确定位在电缆上

10. 接头外壳的安装及密封

（1）在安装接头外壳时，所有的密封圈都应涂抹硅脂。

（2）外壳的密封须做到电缆金属护套和电缆附件的金属套管紧密连接，封铅的致密性要好，不应有杂质和气泡。

（3）搪铅操作的持续时间应尽量缩短，时间过长会造成电缆金属护套内侧绝缘损伤。

（4）搪铅圆周方向的厚度要均匀，长度应满足工艺要求，外形应力求完美，铅封外形如图 2-13 所示。

图 2-13　铅封厚度均匀，外形匀称美观

（5）防水混合物或填充剂应充分搅拌均匀后再灌入接头保护盒内。

（6）在收缩热缩管时，热缩管端口内侧所对应的位置上应先绕包热熔胶带。收缩完的热缩管表面应光滑、平整，内部无气泡。并做好防水密封处理。

11.　电缆接头支架安装

（1）安装好的电缆接头壳体及电缆都应安装金属夹具予以刚性固定。紧邻接头部位的电缆上应有不少于一处的刚性固定，夹具固定握力不得小于 200kg。

（2）电缆接头外壳采用抱箍托住，抱箍主要起支撑固定作用。

中间接头的支架安装如图 2-14 所示。

图 2-14　中间接头的支架安装

（3）同轴电缆的安装如图 2-15 所示，护层换位箱如图 2-16 所示。

图 2-15　同轴电缆安装示意图　　　　图 2-16　护层换位箱

二、GIS 及户外终端附件安装质量要求

（1）在安装前应由该项目技术负责人及厂方指导向接头现场负责人进行技术交底。对 GIS 筒体长度（757mm 或 470mm）进行现场确认。对接头工艺中主要步骤（电缆绝缘外径、应力锥与电缆满盈度及定位）等尺寸进行确认。现场确认 GIS 筒体长度如图 2-17 所示。

图 2-17　现场确认 GIS 筒体长度

（2）切割电缆外护层，断口处应齐整。去除铝护套表面的防腐剂直至铝护套表面干净光亮为止。

（3）切割金属护套时不得损伤内侧绝缘。

（4）铝护套退出行径的过程中损伤电缆阻水层和外屏蔽层。

（5）铝护套断口适当外翻，并去除铝护套断口处尖端和毛刺。

（6）刮去外护套表面距离其断口 200mm 以内的半导电石墨涂层。刮除电缆石墨层如图 2-18 所示。

（7）打毛外护套向前 120mm 范围内的铝护套，用铝焊条打底焊。

（8）电缆加热校直，设置加热温度在 75~80℃，加热时间 110kV 为 2~4h，220kV 为 3~6h，在加热过程中，应设专人看护以防止电源断电、设备故障等意外情况发生。电缆加热校直如图 2-19 所示。

图 2-18　刮除电缆石墨层

图 2-19　电缆加热校直

（9）电缆加热完毕后，绑扎于校直装置上校直。加热完成后的电缆固定校直如图 2-20 所示。

（10）校直完的电缆的笔直度，每 400mm 范围内，外屏蔽层与直尺之间的空隙应小于 1mm，如图 2-21 所示。

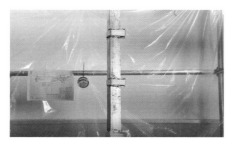

图 2-20　加热完成后的电缆固定校直

图 2-21　校直后电缆笔直度每 400mm 长度间隙小于 1mm

（11）剥除外半导电屏蔽，外半导电屏蔽断口处圆周方向应光滑平整，无凹陷，无尖端。在外半导电屏蔽层断口往金属护套断口方向修整出一个平滑过渡的锥面，长度为 20~40mm，如图 2-22 所示。

（12）按工艺尺寸要求将绝缘端口切削成一个平直的锥面。绝缘端口平直锥面如图 2-23 所示。

图 2-22　修整长度为 20~40mm 平滑过渡的锥面　　图 2-23　绝缘端口平直锥面

（13）每 50mm 间距多点测量绝缘外径，每一处测量点分别以水平方向和垂直方向进行两次测量，记录测量的数据，检查电缆绝缘外径的实际尺寸是否满足电缆接头的工艺要求。为确保打磨处理后电缆绝缘的圆整，水平和垂直方向的测量结果之差应小于 0.5mm。电缆打磨抛光并检查完毕后，此时电缆外半导电屏蔽断口处齐整且过渡平滑，绝缘及外半导电屏蔽表面光滑平整，电缆绝缘外径圆整。X、Y 轴多点测量绝缘外径如图 2-24 所示。

（14）装入导体出线杆并检查是否完全插入到导体上，导体出线杆充分插入导体如图 2-25 所示。

图 2-24　X、Y 轴多点测量绝缘外径　　图 2-25　导体出线杆充分插入导体

（15）使用符合要求的相应的压接模具和压接设备压接到导体上，压接过程中要不断调整压嵌使导体出线杆中心与电缆中心重合，并保证出线杆水平。确认压模合拢且压接设备输出压力达到 700MPa 后，保持压力 10~15s，以保证压接处金属表面塑性变形相对稳定后才能松开压模。

（16）压接后的导体出线梗表面应光滑，无尖端和毛刺，如图 2-26 所示。

（17）将应力锥推到电缆上，直至应力锥半导电部分下沿与临时定位标志线相齐，预制件定位如图 2-27 所示。清洗应力锥、绝缘表面、电缆外屏蔽及上尾管表面的多余硅脂。

图 2-26　出线梗表面应光滑，无尖端和毛刺

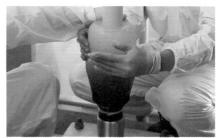

图 2-27　预制件定位

（18）附件安装过程中，所有的 O 型密封圈都应清洁干净并涂抹硅脂再放入密封槽内，安装 O 型密封圈如图 2-28 所示。

（19）瓷套管吊装前，其内侧应用无水酒精清洗干净，清洗瓷套管如图 2-29 所示。

图 2-28　安装 O 型密封圈

图 2-29　清洗瓷套管

（20）瓷套管吊装到位后到将固定螺栓全部拧紧，用扭力扳手按工艺所示力矩均匀拧紧，力矩扳手固定螺栓如图 2-30 所示。

（21）瓷套管内倒入硅油至工艺要求尺寸。

（22）按工艺要求依次安装密封法兰、密封压盘并用螺栓固定。

（23）下尾管的密封须做到电缆金属护套和尾管紧密连接，封铅的致密性要好，不应有杂质和气泡。搪铅操作的持续时间尽量缩短，搪铅时不应损伤电缆绝缘。铅封的长度和厚度应符合工艺要求、外形应匀称、美观。终端下尾管搪铅密封处理如图 2-31 所示。

图 2-30　力矩扳手固定螺栓　　　　　图 2-31　终端下尾管搪铅密封处理

（24）将做好的接地线接线端子用螺钉固定在下尾管的接地极上，另一端接入终端接地箱，终端接地箱安装如图 2-32 所示。

图 2-32　终端接地箱安装

（25）填写好安装记录，完成安装。

第3章 排管及工井施工质量要求

一、沟槽和基坑开挖

（1）复核排管中心线走向、折向控制点位置及宽度的控制线。如图3-1所示。

（2）在场地条件、地质条件允许的情况下，可放坡开挖；也可根据排管埋深及地质条件做相应调整。

（3）基坑开挖采用机械开挖人工修槽的方法。机械挖土应严格控制标高，防止超挖或扰动地基；槽底设计标高以上200~300mm应用人工修整。如图3-2所示。

图 3-1　放样定位

图 3-2　控制开挖标高

（4）超深开挖部分应采取换填级配良好的砂砾石或铺石灌浆等适当的处理措施，保证地基承载力及稳定性。

（5）沟槽边沿1.5m范围内严禁堆放土、设备或材料等，1.5m以外的堆载高度不应大于1m。

（6）做好基坑降水工作，以防止坑壁受水浸泡造成塌方。

（7）基坑四周用围挡、护栏、安全网围护，设安全警示杆，夜间设警示灯，并安排专人看护。

二、沟槽和基坑支撑

（1）基坑周围如有其他设施或障碍物应根据实际情况进行相应的论证并采取相对应的保护措施。

（2）若有地下水或流砂等不利地质条件，应采取必要的处理措施。

（3）沟槽边沿 1.5m 范围内严禁堆土或堆放设备、材料等；1.5m 以外的堆载高度不应大于 1m。如图 3-3 所示。

（4）若无法放坡开挖，需采用钢板桩支护时，钢板桩的施工方法及布桩形式应满足相关规程、规范及技术标准的要求，坑底以下入土深度一般与沟槽深度之比不小于 0.35。

（5）必要时，应进行深基坑的支护，确定支护桩的深度及横向支撑的大小及间距，一般支撑的水平间距不大于 2m。如图 3-4 所示。

图 3-3　工井旁严禁堆土

图 3-4　深基坑支护

（6）做好基坑降水工作，以防止坑壁受水浸泡造成塌方。沟槽支撑如图 3-5 所示。

图 3-5　沟槽支撑

（7）若因为客观条件限制无法放坡开挖时，应在基坑开挖前及过程中根据相关规程、规范要求，设置基坑的围护或支护措施。基坑围护的样式和尺寸应满足工程所在地的安全文明施工要求。一般情况下，开挖深度小于 3m 的沟槽可采用横列板支护；开挖深度不小于 3m 且不大于 5m 的沟槽宜采用钢板桩支护。深度小于 3m 采用横列版支撑如图 3-6 所示。钢板桩应采用咬口形式排列，并咬口紧密如图 3-7 所示。

图 3-6 深度小于 3m 可采用横列版支撑

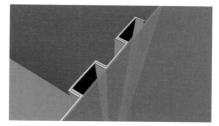
图 3-7 钢板桩应采用咬口形式排列，并咬口紧密

三、钢筋制作技术要求

（1）钢筋进场后检查产品合格证、出厂检验报告和进场复验报告。钢筋的表面应洁净。表面不得有裂纹。钢筋应平直，无局部弯曲，无损伤。钢筋堆放如图 3-8 所示。

（2）箍筋转角与钢筋的交叉点均应扎牢，箍筋的末端应向内弯。钢筋末端处理如图 3-9 所示。

图 3-8 钢筋堆放

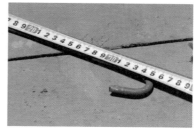
图 3-9 钢筋末端处理

（3）钢筋的交叉点可每隔一根相互成梅花式扎牢，但在周边的交叉点，每处都应绑扎。钢筋绑扎如图 3-10 所示。

（4）钢筋的底部和侧部均应安置水泥砂浆垫块。安置水泥砂浆垫块如图 3-11 所示。

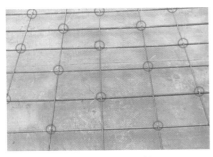

图 3-10　钢筋绑扎　　　　　　图 3-11　安置水泥砂浆垫块

（5）钢筋的混凝土保护层厚度不小于 35mm。混凝土保护层如图 3-12 所示。

（6）同一构件相邻纵向受力钢筋的绑扎搭接接头宜相互错开。箍筋转角与钢筋的交叉点均应扎牢，绑扎的铁丝头应向内弯。钢筋绑扎如图 3-13 所示。

图 3-12　混凝土保护层　　　　　　图 3-13　钢筋绑扎

四、模板工程技术要求

（1）模板与混凝土接触表面应涂抹脱模剂，不得沾污钢筋和混凝土。

（2）在浇注混凝土之前，模板内壁应清洁干净无任何杂质。

（3）模板采取必要的加固措施，提高模板的整体刚度。

（4）水平伸缩缝处宜采用 3mm × 400mm 的钢板止水带。

（5）排水沟及集水坑应与侧壁保持足够距离，不影响基坑施工。

（6）地坪施工时做好结构防水，保证表面散水畅通。

（7）坑顶保护盖板宜采用镀锌钢格栅，并嵌固在集水坑上。

（8）侧模拆除时的混凝土强度应能保证其表面及棱角不受损坏。涂抹脱模剂如图 3-14 所示。

（9）墙模板可用 ϕ12mm 以上的对梢螺丝加以固定。螺母拆除后的孔穴应用砂浆填实抹平。模板固定如图 3-15 所示。

图 3-14　涂抹脱模剂　　　　　图 3-15　模板固定

（10）在浇注混凝土之前，木模板应浇水湿润，但模板内不得积水。模板浇水湿润如图 3-16 所示。

（11）底部模板及支架拆除时混凝土的强度应符合设计要求。当设计无明确要求时，应达到设计强度的 75% 时方可拆除。侧模拆除时的混凝土强度应能保证其表面及棱角不受损坏。工井模板整体制作如图 3-17 所示。

图 3-16　模板浇水湿润　　　　图 3-17　工井模板整体制作

五、混凝土工程技术要求

（1）混凝土应分层浇筑，振捣密实。并检查模板、垫块、管材等有无移位，在采用插入式振捣时，混凝土分层浇注时应注意振捣器的有效振捣深度。如图 3-18 所示。捣固时间应控制在 25～40s，应使混凝土表面呈现浮浆和不再沉落。混凝土振捣如图 3-19 所示。

图 3-18　插入式振捣　　　　　　图 3-19　混凝土振捣

（2）浇筑伸缩缝或竖向施工缝前，应凿除结合部的松动混凝土或石子，清除钢筋表面锈蚀部分。

（3）做好成品的保护工作。

（4）混凝土浇筑完毕后应加强养护，冬季施工时，应采取保温措施，但不得洒水。应在浇注完毕后的 12h 以内对混凝土加以覆盖并保湿养护。混凝土养护（保温）如图 3-20 所示。

图 3-20　混凝土养护（保温）

六、管道敷设技术要求

（1）管材接头错开布置。垫块应分层放置，管材间上下两层的管材垫块应错开放置且每根管材下的垫块不少于 3 块，垫块有一定强度。

（2）若采用排管托架，托架的布置间距应满足管材铺设及混凝土振捣的相关要求。

（3）管枕宜采用管材配套管枕，管枕间距不宜大于 2m。

（4）管材之间的橡皮垫任何情况下不得取消。

（5）管道疏通器应具有长度和硬度的要求，长度根据管材内径多种规格，不宜小于 600mm，硬度不小于 35HBA（巴氏硬度）。

（6）管道施工中管道内应贯穿 8 号镀锌铁丝，为电缆铺设准备。

（7）垫块一般采用 C25 细石混凝土预制。排管施工如图 3-21 所示。

图 3-21　排管施工

（8）敷设完成后必须用管道疏通器进行检查，$\phi150$ 内径用 $\phi127 \times 600$ 的疏通器，$\phi175$ 内径用 $\phi159 \times 600$ 的疏通器。疏通器规格如图 3-22 所示。

（9）保证连接的管材之间笔直连接，同一断面角度不宜大于 2° 30′。管材敷设角度要求如图 3-23 所示。

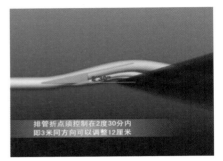

图 3-22　疏通器规格　　　　　　图 3-23　管材敷设角度要求

七、沟槽回填

（1）沟槽的回填应在隐蔽工程验收合格后进行。覆土时沟槽内不得有积水，严禁带水覆土，不得回填淤泥、腐殖土及有机物质，大于 10cm 的石块应剔除。

（2）横列板拆板和覆土应按自上而下的顺序逐层进行，拆板和覆土应交替进行，然后放置标示带。回填并放置标识带如图 3-24 所示。

图 3-24　回填并放置标识带

第4章 水平定向钻进铺设电力管道施工质量要求

一、定位放样、开挖工作坑

（1）在建设单位、设计单位和监理单位的参与下，进行管线定位的施工测量。施工的平面控制点和高程控制点的基本数据，由建设单位或设计单位提供。然后依据施工图纸进行放样，复测。

（2）具体在进行拉管施工前将入土口的路面挖一个工作坑，如有回填土，则取到露出原土为止。管线定位如图 4-1 所示。

图 4-1 管线定位

二、配制钻进液、钻机进场调试

（1）在定向钻机钻进中，钻井液用于稳固孔壁、降低回转扭矩和拉管阻力、冷却钻头和发射探头、清除钻进产生的土屑等，它被视为导向钻进的"血液"。钻井液一般采用优质膨润土制备。如图 4-2 所示。

（2）钻机安装后，进行试运转以检测各部位运行情况。将探头装入探头盒内，打开接收机和同步显示器，转动探头盒检查仪器是否工作正常；将探头盒与造斜钻头接好并连接在钻杆上，开机输送钻进液，检查钻头喷嘴是否畅通；将钻杆放入导向钻机就位，如有误差再调整机架，使钻杆在设计轴线上，检查无误后开始逐节钻进，直至将钻杆钻入拖管坑。配置钻进液如图 4-3 所示。

图 4-2　膨润土制备钻井液

图 4-3　配置钻进液

三、导向孔钻进

（1）利用导向钻机及导向仪，通过检测和控制手段使导向钻头按设计轨道钻进。导向孔钻进一般采用小直径全面钻头，进行全孔底破碎钻进，在钻头底唇面上或钻具上，安装专门的控制钻进方向的机构，在钻具内或紧接其后部位，安装测量探头。钻进过程中，探头连续或是间隔测量钻孔位置参数，并通过无线数据或有线方式将测量数据发送到地表接收器。操作者根据这些数据，采取适当的技术措施调整钻进方向，从而人工控制钻孔的轨迹，达到设计要求。

（2）在钻进时，控向员根据绘制的穿越曲线图结合实际变化准确及时地向司钻员发布控向指令，并随时根据钻进情况调整司钻推进、旋转操作。在导向孔施工阶段，重点控制单根钻杆的钻进质量和整体曲线的质量，这是后道工序的基础。钻导向孔如图 4-4 所示。

图 4-4　钻导向孔

四、扩孔

（1）扩孔是指用回扩器以旋转、切削、回拖的方式把导向孔扩至预埋管线组合管径的 1.2~1.5 倍。

（2）导向孔完成后，根据土质情况及预埋管线组合管径大小采用分级反拉旋转扩孔，分别采用 $\phi380$、$\phi580$、$\phi680$、$\phi780$、$\phi880$、$\phi980$ 等凹槽式扩孔钻头分级反扩成孔。扩孔示意图如图 4-5 所示。

图 4-5　扩孔示意图

五、清孔

（1）在清孔时，增加泥浆流量 20%～30%，尽量携带多的泥屑，并在遇到局部塌方地段，重新扩孔成形。

（2）若一次清孔未能降低扭矩和推拉力，可以进行第二次清孔。

六、焊管

（1）电力护套管（MPP 管）焊接采用热熔焊方式，热熔焊对接连接是将与管轴线垂直的两对应管子端面与加热板接触，加热至溶化，然后撤去加热板，将溶化端压紧、保压、冷却，直至冷却至环境温度。焊管如图 4-6 所示。

图 4-6　焊管

（2）去除焊管后接口内外留下的焊疤。

七、拖管

（1）回扩完成后，即可拉入待铺设的生产管。管子预先全部连接妥当，以利于一次拖入。当地层情况复杂，如钻孔缩径或孔壁垮塌，可能对分段拉管造成困难。如图 4-7 所示。

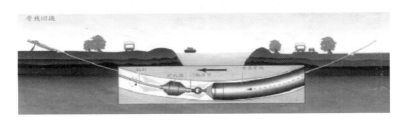

图 4-7　拖入铺设管道

（2）回拉时，应将回扩钻头接在钻杆上，然后通过单动接头连接到管子的拉头上，单动接头可防止管线与回扩头一起回转，保证管线能够平滑地回拉成功。将最回扩器接上待铺管道，最后用钻机将管道拖入洞中，一次性敷设成功。拖管如图 4-8 所示。

图 4-8 拖管

八、压密注浆

（1）注浆参数选取，水灰比为 1∶1。

（2）注浆注意事项：

1）注浆管采用加强型硅芯管，开孔位置在中间段。造斜段两侧各 15m 不宜开注浆孔。

2）注浆管在随管道回拖时注浆孔用封箱带密闭，防止泥浆进入；在回拖时尽量让注浆管保持在电缆管束的中上方，保证水泥浆注入后分散均匀。

3）注浆开始后两侧工作坑内会有泥浆和水泥浆排除，多余浆液要及时清运，防止其倒灌进入电缆管道。

4）在注浆开始后钻孔压力上涨，此时要对周围公用管线进行观测，防止水泥浆穿透地层进入雨水管、污水管及其他管线窨井等。

5）注浆压力正常保持在 0.4~0.6 之间，如有异常及时进行检查。

第5章　接地及电缆支架、井盖等工程质量

一、吊环、接地、埋件的安装与焊接

（1）预制构件的吊环应采用 I 级钢筋制作，严禁使用冷加工钢筋作吊环。

（2）吊环埋入深度不应小于 $30d$（d 为吊环直径），并应焊接或绑扎在钢筋骨架上。

（3）采用垂直接地时，应垂直打入，并与土壤保持良好接触，接地棒应打在工井外侧，其上端应保证在 M3 埋件下 500mm，并用接地扁铁焊接在 M3 埋件上。

（4）铁件安装前对所有的预埋件进行清理，对所有外露铁件进行防腐处理，涂刷防锈漆一度、黑漆二度。铁件防腐蚀处理如图 5-1 所示。

（5）扁铁焊接的搭接长度应为其宽度的 2 倍，接地扁铁应采用搭接焊，应牢固无虚焊，且至少三个棱边焊牢，焊接后的接地扁铁和安装角铁要求横平竖直。接地扁铁焊接如图 5-2 所示。

图 5-1　铁件防腐蚀处理　　　　图 5-2　接地扁铁焊接

二、支架及吊架安装技术要求

（1）支架安装前应划线定位，保证排列整齐，横平竖直。

（2）构件之间的焊缝应满焊，并且焊缝高度应满足设计要求。

（3）相关构件在焊接和安装后，应进行相应的防腐处理。如图 5-3 所示。

（4）支架、吊架必须用接地扁铁环通，接地扁铁的规格应符合设计要求。支架安装如图 5-4 所示。

图 5-3　构件防腐处理

图 5-4　支架安装

三、井盖安装技术要求

（1）水泥砂浆初凝时放置井盖支座，使井盖支座与工井表面紧密接触。

（2）井盖顶面标高应与路面标高一致，且保持平整。

（3）采用的铁制构件在焊接和安装后应进行相应的防腐处理。

（4）井盖顶面标高应与路面标高一致，且保持平整。井座外框应与工井顶板预留出入孔的外圈边线重叠。

（5）使用与工井同标号混凝土坞塝井座，必须严密厚实且呈喇叭状，然后随工井一同养护。

四、电缆沟盖板制作及安装技术要求

（1）盖板为钢筋混凝土预制件，其尺寸应严格配合电缆沟尺寸。

（2）表面应平整，四周宜设置预埋的护口件。

（3）一定数量的盖板上应设置供搬运、安装用的拉环。

（4）拉环宜能伸缩。

（5）电缆沟盖板间的缝隙应为 5mm 左右。

（6）预埋的护口件宜采用热镀锌角钢。

（7）混凝土和钢筋应满足相关的强度等级要求和布置要求。

（8）盖板敷设后应保证踩踏时无响声，表面无积水。

（9）盖板四周槽钢一般涂二层红丹底漆、二层黑色面漆。

五、集水坑及地坪排水处理

（1）底板散水坡度应统一指向集水坑，散水坡度宜取 0.5% 左右。

（2）集水坑尺寸应能满足排水泵放置要求。

（3）坑顶宜设置保护盖板，盖板上设置泄水孔。

（4）排水沟及集水坑应与侧壁保持足够距离，不影响基坑施工。

（5）地坪施工时做好结构泛水，保证表面散水畅通。

六、排管端口制作技术要求

（1）排管端口由 $\phi150$ 扩展成 $\phi190$，由 $\phi175$ 扩展成 $\phi220$。

（2）从工井内壁上的排管孔洞需封堵，并做成喇叭口。

（3）在完成工井端墙钢制作及排管钢筋制作后，工井浇筑同时将排管接入工井处进行一次成型浇注。排管端口制作如图 5-5 所示。

（4）通信端口需用红色二度漆标识。

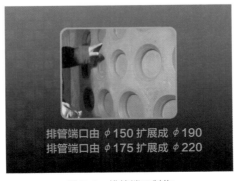

图 5-5　排管端口制作